BBC earth 博思星球

科普版

王朝

—— 伟大的动物家族 ——

DYNASTIES

—— THE GREATEST OF THEIR KIND ——

探秘帝企鹅

[英]丽莎·里根 / 文　张懿 / 译

科学普及出版社
·北 京·

北京市版权局著作权合同登记　图字：01-2022-6296

图书在版编目（CIP）数据

王朝：科普版. 探秘帝企鹅 /（英）丽莎·里根文；
张懿译 . -- 北京：科学普及出版社，2023.1
ISBN 978-7-110-10498-9

Ⅰ . ①王… Ⅱ . ①丽… ②张… Ⅲ . ①企鹅目-少儿
读物 Ⅳ . ① Q95-49

中国版本图书馆 CIP 数据核字（2022）第 167368 号

总 策 划：秦德继	责任编辑：李世梅
策划编辑：周少敏　李世梅　马跃华	助理编辑：王丝桐
封面设计：张 苗	责任校对：张晓莉
版式设计：金彩恒通	责任印制：李晓霖

出版：科学普及出版社　　　　　　　　　　　邮编：100081
发行：中国科学技术出版社有限公司发行部
地址：北京市海淀区中关村南大街 16 号　　　发行电话：010-62173865
网址：http://www.cspbooks.com.cn　　　　　传真：010-62173081

开本：787mm×1092mm　1/12
印张：13 ⅓　　　　　　　　　　　　　　　字数：100 千字
版次：2023 年 1 月第 1 版　　　　　　　　　印次：2023 年 1 月第 1 次印刷
印刷：北京世纪恒宇印刷有限公司

书号：ISBN 978-7-110-10498-9 / Q · 280　　定价：150.00 元（全 5 册）

目 录

认识帝企鹅

它们是英国广播公司（British Broadcasting Corporation，BBC）《王朝》系列节目的明星。节目组跟踪拍摄了一群每年聚集在南极洲阿特卡湾的帝企鹅，展现了它们在南极洲的生活。

帝企鹅是一种迷人的鸟类，有很多值得我们了解的地方。

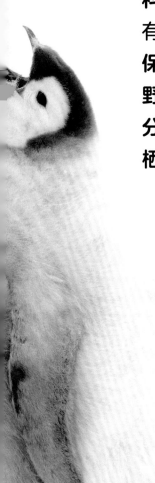

基本概况

种：帝企鹅

纲：鸟纲

科：企鹅科（不会飞的水鸟，有 17 ~ 20 种）

保护现状：近危

野外寿命：15 ~ 20 年

分布：南极大陆及附近海洋

栖息地：冰面和海洋

身高：110 ~ 122 厘米

体重：22 ~ 45 千克

食物：鱼、磷虾、枪乌贼

天敌：虎鲸、豹形海豹、捕食雏鸟的大型海鸟

来自人类的威胁：过度捕捞使食物减少，全球变暖使繁殖场地变小

多种多样的企鹅

企鹅有许多种，其中帝企鹅体形最大。

企鹅体形大小不一，花纹各异，但共同点是都不能飞。它们走起路来或摇摇摆摆，或蹦蹦跳跳，还会用肚子滑行。

帝企鹅比其他企鹅更高、更重。

看我，看我！

好几种企鹅有着红色的喙，头上长着尖尖的黄色羽毛。右图中的企鹅叫作长眉企鹅。

所有企鹅都是出色的游泳健将。

小蓝企鹅

也叫小企鹅、小脚企鹅，是所有企鹅中体形最小的一种。

企鹅科有六个属，其中，帝企鹅和王企鹅组成王企鹅属。

近距离看一看

帝企鹅的身体既能适应冰雪上的恶劣生存环境，也能在水中快速前进。

皮下有厚厚的脂肪层

又长又窄的翅膀能推动它在水中前进

短短的羽毛，防水又隔热

被称为育雏囊的皮褶能让企鹅蛋保持温暖

脚靠近身体后部，游泳时可以用来掌握方向

一只帝企鹅大概和一个中等个子
的六岁小孩一样高。

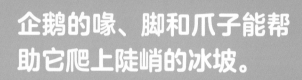

胸肌发达，
适合游泳

企鹅的喙、脚和爪子能帮
助它爬上陡峭的冰坡。

尾巴附近的腺体能
分泌油脂，维持羽毛
的防水功能

每只脚都有三个脚趾和
长长的爪子，能紧紧抓
住冰

脚坚硬，被覆鳞片，保护
它不受寒冷侵袭

企鹅生活在哪儿？

在南半球许多地方都有企鹅的踪影。有的企鹅生活在温暖的气候中，有的企鹅生活在冰上。还有一种叫作加岛环企鹅，它们生活在赤道附近。

南极冰盖是地球上最大的一块冰。

极地生活

帝企鹅在冰雪覆盖的南极大陆边缘繁殖后代。

南极点在这片大陆的中心附近。

冰上家园

就算是在夏天，生活在南极大陆的生物也不多。到了冬天，其他动物都离开了，帝企鹅却来了。固定冰是最适合它们繁殖的地方。

企鹅的腿很短，因此在地面上，它们不得不蹒跚前进。而在柔软的雪上，它们可以用腹部滑行。

固定冰是海冰的一种，它是与陆地或冰架连接在一起的冰冻海洋。

冬天来了，气温降低。

南极大陆的温度最低可以降到零下50摄氏度，风速达到每小时200千米。它是世界上风最大、冰最多的大陆，也是最寒冷、最干燥的大陆。

抱团过冬

熬过冬天的唯一方式就是抱团取暖。企鹅们依靠彼此身体的温度，共同抵御暴风雪。

一群抱团的企鹅可以达到5 000只，甚至更多。

扫码看视频

企鹅的一年

固定冰是一个安全的繁殖场所，但只能持续一个冬天。
夏天冰雪融化时，小企鹅们必须长得足够大，才能生存下去。

成年企鹅把一年当中的头几个月用来吃东西。它们要长得够胖，才能在无法进食的那几个月存活下来。到了四月，它们会长途跋涉，前往繁殖地，为自己寻找一个伴侣。

到了五月，太阳最后一次落山，接下来的两个月内都不会升起。雌企鹅产下蛋，返回大海；企鹅爸爸则留下来照顾企鹅蛋。它们挤在一起，度过冬天最糟的日子。

小企鹅挤在一起取暖。

小企鹅出生了

　　企鹅蛋在七月或八月孵化。这时候，雌企鹅也带着食物回来了。它们把食物储存在胃里，再吐出来，喂给小企鹅。

　　在接下来的几个月里，成年企鹅的主要工作是喂养小企鹅，让它长大变壮。到了年底，它们就不再喂它了。小企鹅得学会养活自己，为冰雪融化时回到大海中生活做好准备。

寻找伴侣

大多数帝企鹅每年都会寻找一位新的繁殖伙伴，偶尔也会有一对伴侣再次选择彼此。

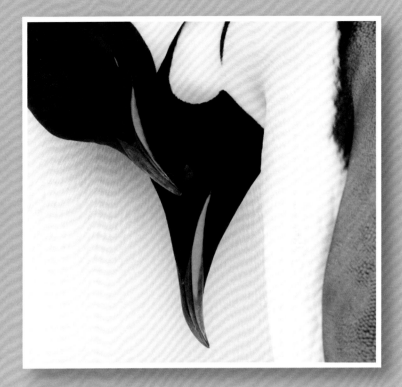

与我共舞

一对企鹅会通过一起低头和舞蹈来展示它们之间的吸引力，建立情感的纽带。它们优雅地模仿彼此的动作。

不是所有的企鹅都能幸运地找到另一半。被拒绝的企鹅会回到海洋里，而不是在冰上度过冬天。

扫 码 看 视 频

保护企鹅蛋

大多数鸟类有筑巢行为，把蛋产在巢里。很多鸟类会伏在蛋上，直到雏鸟孵化，但帝企鹅与它们不同。

给蛋保暖

企鹅父母会把蛋放在脚上，用一层叫作育雏囊的带羽毛的皮褶盖住它，为它保暖。

育雏囊也能保护刚出生的小企鹅。

一枚帝企鹅蛋的重量大概是一枚大鸡蛋的八倍。

扫码看视频

下蛋啦！

蛋会落到雌企鹅两腿间的冰上。在蛋里面的小企鹅被冻死之前，雌企鹅必须迅速把蛋"捞"起来。

现在，这对企鹅父母必须把蛋转移到雄企鹅的脚上。雌企鹅已经一个多月没吃东西了，它去觅食的时候，将由雄企鹅照看它们的蛋。

抚养雏鸟

雌企鹅回来的时候，蛋已经孵化了。雌企鹅会发出叫声，寻找它的伴侣。现在，轮到雌企鹅来照顾小企鹅了。雄企鹅会回到海里觅食，因为它已经差不多四个月没吃东西了。

有时候，在雌企鹅觅食归来之前，小企鹅就孵出来了。雄企鹅会将胃里分泌出的乳状食物喂给小企鹅，这样小企鹅才不会饿死。

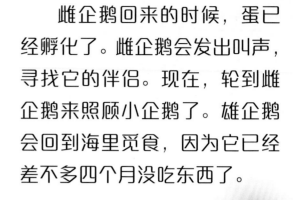

扫码看视频

成长

　　小企鹅两周大的时候，全身被柔软的灰色绒羽覆盖。过不了多久，小企鹅就能自己站在冰上了。此时，父母可以离开它们，去寻找食物了。

和成年企鹅一样，小企鹅也会抱成一团抵御严寒。

　　对小企鹅来说，这是一个危险的时期——它们很容易在暴风雪中迷路。迷路的小企鹅很有可能在找到回群的路之前就被冻死了。

寻找食物

冰上没有食物，成年企鹅得回海里觅食。

要离开海水的时候，企鹅会加速前进，把自己"甩"到岸上去。

所有企鹅都会潜水捕鱼。帝企鹅潜得最深，能在水下待 20 多分钟。

吃饱喝足

一只成年企鹅每天能捕捉 2 ~ 3 千克食物。如果需要喂养小企鹅，那么它得捕捉两倍的量。

菜单一览

帝企鹅以鱼、磷虾和枪乌贼为食。

实际上，磷虾比你的小指还小，它们成群结队地游来游去。

当心！

帝企鹅的天敌很少，但无论在水里还是岸上，它们都要保持警惕。

帝企鹅游泳的速度很快，但它们的天敌可能游得更快。虎鲸和豹形海豹会捕食帝企鹅。

巨鹱（hù）会袭击帝企鹅宝宝。

近危物种

南极的景观正在发生变化，科学家担心帝企鹅会失去它们的繁殖地。

全球变暖导致冰层融化。科学家认为，50 年后，固定冰将大量减少，这意味着帝企鹅喂养后代的场所将大量减少。

帝企鹅被认定为近危动物，现在的成年帝企鹅数量与 20 年前相比减少了很多。

现在，南极洲的海冰比以往任何时候都少。

20 世纪下半叶，南极洲东部地区的帝企鹅数量减少了一半。

从太空看

科学家可以从太空中追踪企鹅群。他们通过卫星摄像机拍摄的企鹅粪便，来掌握企鹅的行踪。

争夺食物

企鹅与人类存在竞争关系。随着人口的增加，人类需要的食物越来越多，于是从海里捕捞的鱼也越来越多，这可能会给包括帝企鹅在内的所有企鹅带来麻烦。

电视明星

有三位勇者不惧南极洲冬天的风暴，拍摄了本期《王朝》电视节目。

有一场风暴持续了八天，有整整 62 天看不到太阳。

摄制组被困在南极洲 245 天，无法离开。

温度在零摄氏度以上的时间只有三天。

工具箱故障

电子设备在寒冷的环境里无法正常运转，一些装备甚至冻结了。工作人员把相机电池放在衣服里保暖，确保它们正常工作。

拍摄角度

摄影师必须从一个较低的角度拍摄企鹅。他通常会坐在或者躺在冰面上。有时，他和下面的海洋之间只隔着一米厚的冰。

考考你自己

把书倒过来，就能找到答案！

看看你学到了多少关于帝企鹅的知识。

1

判断正误

企鹅吃鱼、磷虾、海鸟和枪乌贼。

2

哪种企鹅体形最小？

3

企鹅的脚是坚硬有鳞的，还是蓬松有羽毛的？

4

科学家可以通过卫星摄像机拍摄的什么物质来掌握企鹅的行踪？

5

让帝企鹅蛋保持温暖的皮褶叫什么？

6

南极洲的风速度有多快？

A.50 千米 / 小时

B.120 千米 / 小时

C.200 千米 / 小时

7

雄性帝企鹅为什么挤在一起？

8

哪种鲸会对帝企鹅造成威胁？

A. 座头鲸

B. 虎鲸

C. 小鳁（wēn）鲸

名词解释

冰架 与海岸相连的漂浮冰原。

孵化 这里指小企鹅破壳而出。

固定冰 与陆地或冰架冻结在一起的冰。

海冰 海水冻结而成的咸水冰，通常在冬季形成，在夏季融化；按运动状态可分为固定冰和流冰。

近危 世界自然保护联盟（IUCN）《受胁物种红色名录》标准中的一个保护现状分类，指未达到极危、濒危或者易危标准，但是在未来一段时间后，接近符合或可能符合受威胁等级。

南极冰盖 覆盖在南极大陆上厚重的冰雪，占世界陆地冰量的90%，淡水总量的70%。

南极洲 环绕南极点的冰封大陆。

枪乌贼 通称鱿鱼。

育雏囊 脚面上方一层带有羽毛的温暖皮褶，用来孵蛋和保护刚出生的小企鹅。